LE
NÉFLIER DU JAPON

PAR

A. CERTEUX

Membre de la Société d'Agriculture d'Alger,
Membre correspondant de la Société d'Agriculture de la province
de Constantine, etc.

---

*En Algérie, l'arbre est le
meilleur ami de l'homme.*

ALGER
IMPRIMERIE VICTOR AILLAUD ET COMPAGNIE
1878

LE

NÉFLIER DU JAPON

PAR

A. CERTEUX

Membre de la Société d'Agriculture d'Alger.
Membre correspondant de la Société d'Agriculture de la province
de Constantine, etc.

*En Algérie, l'arbre est le
meilleur ami de l'homme.*

ALGER
IMPRIMERIE VICTOR AILLAUD ET COMPAGNIE

1878

LE

NÉFLIER DU JAPON

En Algérie, l'arbre est le
meilleur ami de l'homme.

De tous les arbres fruitiers importés et acclimatés en Algérie, celui qui a le mieux réussi et
qui réunit les meilleures conditions au point de
vue économique c'est, à coup sûr, le Bibacier —
Eriobotrya ou *Mespilus Japonica* — vulgairement
appelé Néflier du Japon.

Les anciens traités de botanique ne font pas
mention de cet arbre (1) à peine connu en
Europe depuis la fin du siècle dernier (2) et les
livres nouveaux lui consacrent seulement quelques lignes. Cela tient évidemment à ce que le
Mespilus, originaire de la Chine et du Japon,
offre peu d'intérêt dans les pays du Nord où les

---

(1) Ne pas confondre avec le néflier d'Europe, *Germanica*, dont on laisse blétir le fruit pour le manger.
(2) Il a été apporté à Paris, en 1784.

fruits sont nombreux, variés, excellents, et aussi parce que n'arrivant guère à maturité que dans le Midi et gelant en pleine terre dans le Nord lorsque la température descend à 12° au-dessous de zéro, cet arbre, à feuilles persistantes, n'est cultivé et apprécié que comme plante d'ornement.

En Algérie, où les fruits des arbres importés du Nord laissent beaucoup à désirer sous le rapport du rendement et de la qualité, on a tout intérêt à s'occuper du *Néflier du Japon* qui est rustique et produit en abondance. Il a été importé dans la colonie depuis peu d'années seulement, — après l'ouverture de l'isthme de Suez, dit-on, et envoyé avec d'autres graines par le Gouverneur des établissements Français de la Cochinchine. — Toutefois il nous revient qu'il en existait 6 pieds de 4 mètres de hauteur et de 20 ans d'âge au moins, en 1845, dans une campagne occupée par M. Tulin. vice-consul anglais, à la Bouzaréa, quartier de Beni-Messous, sur le bord du ruisseau de ce nom (nous devons ce renseignement à M. Vallier, ancien secrétaire de la Société d'agriculture).

Bot. — Eriobotrya *Japonica*, Lindley ; (Linn. Trans. XIII, 102) — *Mespilus Japonica*, Thunberg (Cratagus bibas Lour.) Bibacier. (Rosacées). De la Chine. Vulgairement néflier du Japon. — Etym. : *epior*, laine, *corpvov*, grappe.

C'est un arbre de 4 à 6 mètres dans son pays natal ; il atteint les mêmes proportions en Algérie et dans le Midi de l'Europe. — Il est même probable qu'il atteindra sur certains points de notre colonie les mêmes proportions qu'en Toscane où M. Durando en à remarqué de beaucoup plus élevés. — Dans le Nord il ne vient qu'à l'état de grand arbrisseau ou en buisson ; — quoi qu'il en soit, il y est très-apprécié comme plante d'ornement à cause de son ample feuillage persistant, d'un beau vert, qui forme des touffes du plus bel effet.

Ses rameaux sont tomenteux, c'est-à-dire cotonneux, et cylindriques ; ses feuilles persistantes, alternes, grandes, cunéiformes, aigües, de forme ovale, lancéolées, bistipulées, épaisses, coriaces, sont dentées à leurs bords, luisantes en dessus et cotonneuses en dessous de même que les grappes terminales dont les calices sont entourés de bractées tubulées, décidues.

Floraison. — Le *Mespilus Japonica* fleurit en octobre-novembre, et quand l'hiver, dans une contrée, a interrompu sa floraison, celle-ci reprend souvent en mai ; elle se présente sous forme d'une panicule terminale : les fleurs, petites, d'un blanc verdâtre ou jaunâtre, sont disposées à l'extrémité des rameaux sur des pédoncules plus ou moins divisés Lorsqu'elles sont épanouies, soit au printemps, soit à l'automne, elles exhalent et répandent au loin une forte odeur d'aubépine ou plutôt d'amande amère, très agréable et très saine ; M. Chardonnier, l'un des jardiniers-chefs (chargé des graines) du Hamma, me disait, récemment, qu'il estimait à 150 mètres la distance à laquelle cette fleur se fait sentir.

Apiculture. — Une remarque que j'ai faite, c'est que les abeilles paraissent très friandes du suc des fleurs du Néflier du Japon et butinent avec ardeur sur cet arbre. Les colons algériens, qui ont si fort négligé jusqu'à présent l'apiculture (1), malgré les bénéfices si faciles à obtenir et si lucratifs de la production du miel et de la cire, pourront tirer profit de cette observation.

Fruit. — Le fruit du Bibacier est jaune à la maturité, semblable à un petit abricot ; sa chair, jaunâtre elle-même, est fondante, d'un goût sucré, acidulé, d'une saveur très agréable. Tonique et légèrement astringent, qualité précieuse pour un fruit surtout à une époque où la chaleur se fait déjà vivement sentir ici, il est très agréable

---

(1) Un apiculteur anglais, M. Arthur Fodd, *associé du Collége du Roi, à Londres,* qui se disposait à aller exploiter sur une grande échelle, en Amérique, l'élevage des abeilles, est en ce moment à Alger, où il compte s'établir. On construit par ses ordres, en Angleterre, 17,000 compartiments destinés comme premier essai à l'installation d'une certaine quantité de ruches.

à la fin des repas, en même temps que très digestif.

Il commence à mûrir en avril quelquefois fin mars.

On peut dire de ce fruit, sans crainte d'être démenti, qu'il a été amélioré en Algérie par la culture et l'acclimatement. D'année en année on a constaté jusqu'ici qu'il était meilleur et, au printemps dernier, on en a vendu sur la place de Chartres à Alger, qui était vraiment délicieux. — Par exemple, dans la même propriété (celle que j'habite l'été, à Mustapha Supérieur, Colonne Voirol) j'ai pu remarquer une grande différence de qualité entre les fruits d'arbres semblables, plantés dans le même terrain, côte à côte. Il y a certainement une étude à faire et je crois, en attendant, qu'il serait bon de mettre avec soin de côté, pour la reproduction, comme on fait pour les melons, les graines des meilleures néfles que l'on aura mangées.

Production. — Grâce à la quantité de néfles que l'on récolte déjà et, bien qu'il n'y ait pas encore un grand nombre de pieds plantés de cet arbre fruitier, on en exporte beaucoup en France, — à une époque où aucun fruit n'est à maturité dans la métropole — et il s'en vend en masse chaque jour sur les marchés de l'Algérie.

Je me propose, pendant le cours de la prochaine récolte, de rechercher quel peut être le rendement moyen d'un pied de néflier : poids total des fruits, leur nombre et produit de la vente. — Il sera ensuite facile de calculer le rendement à l'hectare.

Confitures. — Quand la culture du Bibacier sera plus répandue et qu'il y aura davantage de fruits on aura une ressource de plus — cette ressource si appréciée en France dans les ménages, — celle de faire des confitures. Cette ressource sera d'autant plus appréciable qu'aucun fruit n'est assez abondant en Algérie pour permettre de confectionner cet aliment-conserve si précieux et si économique.

On en fabrique actuellement à Paris deux millions de kilogrammes (1).

Liqueur, sirop, boisson. — D'autre part, je suis persuadé, qu'on pourra fabriquer, avec ce

---

(1) Le commerce Parisien, dit M. le Dr Marius Roland, dans le *Journal d'Hygiène*, expédie annuellement, hors de Paris, environ, 200,000 kilog. de confitures, qui y sont fabriquées. La population parisienne consomme 1,400,000 kilog, des produits *livrés par l'industrie* (il n'est pas question des confitures faites dans les ménages) et en reçoit encore, 7,500 kilog. de Bar-le-Duc et 200,000 de ce qu'on appelle raisiné de Bourgogne.

fruit, une bonne liqueur, un excellent sirop et, qui sait ? peut-être plus tard, une boisson dans le genre du cidre.

Pépins. — Le fruit du néflier du Japon, renferme deux à cinq graines, arrondies, lisses, brunâtres. contenant un embryon à gros cotylédons verts. Cette graine occcupe une si grande place dans le fruit qu'on a cherché de suite à l'utiliser. L'année dernière un propriétaire de Birmandreïs a envoyé à l'Exposition agricole et horticole d'Alger, une excellente liqueur préparée avec les pépins de noyaux de nèfles et quelques liquoristes ont ensuite essayé de les utiliser de la même manière. Une expérience due à M. le Dr Jaillard, pharmacien en chef de l'hôpital du Dey et professeur de chimie à l'Ecole de Médecine d'Alger, est venue entraver cette industrie naissante. Voici un extrait de l'article, publié dans *Alger-médical* par le savant docteur :

« Ses fruits (ceux du *Mespilus Japonica*), acidulés et sucrés renferment de grosses graines lisses et brunes, dont l'amande possède une saveur excessivement amère et âpre, c'est à cette particularité sans doute que les enfants la dédaignent et qu'on la rejette généralement. — C'est là une circonstance heureuse et dont on ne saurait trop s'applaudir, attendu que cette amande, réduite en pâte avec de l'eau, donne lieu à un développement considérable d'acide prussique et d'essence d'amandes amères.

— Certaines personnes s'occupent en ce moment de tirer parti de cette propriété et se servent de cette amande pour préparer des liqueurs ou des sirops, qui ne sont pas sans agrément, qui rappellent le kirsch ou le sirop d'orgeat, mais qui, d'un autre côté, présentent de grands dangers, surtout si l'on emploie pour les confectionner une trop grande quantité de graines. — Dans ce cas, ces préparations attrayantes par leur goût et leur odeur, cachent sous ces dehors des propriétés délétères dues à la grande quantité d'acide prussique qu'elles renferment. »

Le mot d'acide prussique a produit son effet; mais on s'est peut-être un peu trop hâté de le prendre au pied de la lettre, une démonstration analogue a été faite jadis pour le kirsch et l'on sait que si l'acide cyanhydrique (1) est un poison violent il est aussi très-volatile sous l'action de la chaleur. Avec des soins et des précautions, un dosage bien entendu, on pourrait faire avec les

---

(1) Le manioc, cette plante tuberculeuse qui est la base de la nourriture de millions d'individus dans les contrées tropicales, contient, à l'état cru, une certaine quantité d'acide prussique ou cyanhydrique, qui s'évapore au soleil et disparaît entièrement à la cuisson. — Par exemple, lorsque des animaux mangent des tubercules crus ils peuvent mourir empoisonnés.

noyaux de nèfles une liqueur qui vaudrait bien le kirsch. Toutefois, il est peut-être plus prudent de s'abstenir jusqu'à nouvelle expérience scientifique déterminant le dosage et de rechercher si l'on ne pourrait pas tirer un autre parti de ces grosses graines.

Pour arriver à ce but, il faudrait faire une analyse chimique pour connaître les quantités d'huile essentielle, de matières grasse et sucrée, de fécule, d'azote, etc..., contenues dans l'amande du *mespilus japonica*.

Culture. — Le Bibacier réclame peu de soins de culture. Au dire de plusieurs jardiniers expérimentés, la taille lui est plutôt nuisible que favorable ; « il est comme les sauvages, me disait l'un d'eux, il aime qu'on le laisse pousser en liberté. »

A Paris le Bibacier peut passer les hivers doux en pleine terre, mais il y périt lorsque le froid atteint ou dépasse 12° au-dessous de zéro — On l'a vu fructifier une seule fois, paraît-il, en serre, à la Malmaison.

Dans le Midi de la France il devient souvent un fort bel arbre, dont la tête s'élargit en parasol vaste et touffu. Il y fructifie habituellement et ses fruits mûrissent dès la fin de mai et plus ordinairement en juin.

Le néflier du Japon se multiplie de graines,

de marcottes, de rejetons ; en France on le greffe vers la fin de l'été, en écusson sur l'aubépine, le poirier et le cognassier sauvage. En Algérie, il vaut mieux, croyons-nous, le multiplier d'abord par graines : pour la reproduction de l'espèce. — Il commence, ici, du reste, à donner du fruit dès la 2e année. — Toutefois il conviendra, par la suite, de le greffer en choisissant pour cette opération les sujets dont les fruits ne contiendront qu'une ou deux graines et l'on obtiendra de la sorte un fruit plus doux.

En attendant, outre qu'il est important, comme nous l'avons dit plus haut, de faire choix, pour la plantation, des pépins des nèfles qu'on aura trouvées les plus succulentes, il faudra tenir compte d'une observation que je dois à l'obligeance de M. Durando, le savant et sympathique professeur de botanique, à savoir que les graines du néflier doivent être mises en terre 2 ou 3 semaines au plus tard, après leur récolte, attendu qu'elles perdent vite en durcissant leur faculté de germination.

De son côté, M. Mangin, conservateur des forêts de l'Algérie, a bien voulu me faire part d'une observation qu'il a faite dans une campagne de Mustapha (Fontaine-Bleue). M. le chef du service des forêts estime : 1° que le Néflier du Japon vient mal sous couvert, c'est-à-dire qu'il est préférable de le planter dans des endroits découverts ; 2° que les terrains maigres et graveux ne lui conviennent pas, il y végète mais il n'y atteint pas un bon développement.

Le Néflier n'en est pas moins le plus rustique de tous les arbres fruitiers, me disait dernièrement M. Ch. Rivière, directeur du Jardin du Hamma, que j'entretenais de ce sujet.

Une autre remarque, très intéressante et qui vient à l'appui de ce que je disais de l'amélioration de la culture du Bibacier en Algérie, c'est qu'on obtient déjà de très gros fruits : M. Mac Carthy, conservateur de la bibliothèque-musée d'Alger, observateur éclairé en toutes choses, m'a assuré qu'un de ses amis avait récolté cette année (1877) des nèfles, du poids de 40 à 50 grammes. M. le Dr Liautaud, président du Comice agricole d'Alger, en a également obtenu du même poids.

En ce qui concerne l'exportation, je ferai remarquer que c'est pendant deux mois que l'Algérie peut profiter de l'expédition en *primeur* ; car, ainsi qu'on l'a lu plus haut, le fruit du *Mespiius Japonica* commence à murir ici, fin mars-avril et seulement fin mai-juin en France.

Le Néflier du Japon est appelé, comme on le voit, à devenir en Algérie le *fruit populaire*, comme en Normandie la pomme. L'expérience étant faite et concluante, le moment est arrivé de donner l'élan à sa propagation.

Et comme on ne saurait planter trop d'arbres, dans notre pays d'adoption, autour des centres habités ; — J'oserai même dire, à ce propos, si je puis m'exprimer ainsi, que l'*arbre est en Algérie le meilleur ami de l'homme* ; — les colons trouveront dans la culture du Néflier du Japon, les précieux avantages d'un arbre fruitier toujours vert, ornemental, d'excellent rapport, contribuant à l'assainissement, — surtout à l'automne, pendant la floraison, — et ne gênant pas l'action du soleil autour de certaines cultures maraîchères, en raison de son peu de hauteur et que même il protége.

Alger, 10 décembre 1877.

A. CERTEUX,

Membre de la Société d'agriculture d'Alger
Membre correspondant de la Société d'Agriculture de Constantine, etc.

Nota. — En qualité de membre du Comité départemental d'Alger et Secrétaire de la 3e Commission (produits alimentaires), j'engage vivement les propriétaires qui récolteront de beaux fruits de Néflier du Japon, au printemps prochain, à en envoyer à l'Exposition universelle de 1878.   A. C.

GUIDE

DU

PLANTEUR D'EUCALYPTUS

PAR

A. CERTEUX

MEMBRE DE LA SOCIÉTÉ D'AGRICULTURE D'ALGER.

Ouvrage honoré des souscriptions du Ministère de l'Agriculture et du Commerce (5o ex.), du Gouvernement général de l'Algérie (28o ex.), de la Direction des Travaux publics (47 ex.), du Service des Forêts (61 ex.) et des Conseils généraux des départements : d'Alger (75 ex.), de Constantine (5o ex.), et d'Oran (2o ex.)

(Par ordre de M. le Gouverneur général, un exemplaire a été envoyé au Maire de chaque commune des trois départements de l'Algérie, pour être déposé dans la bibliothèque de la Mairie et tenu à la disposition des colons).

———

Cet ouvrage contient, dans ses 25o pages d'impression, texte serré, un catalogue raisonné de 216 espèces d'Eucalyptus ; les différents procédés de culture ; le classement des espèces suivant l'altitude qui leur convient et leurs propriétés particulières ; enfin une partie très-intéressante relative à l'emploi en médecine des feuilles de la précieuse myrtacée australienne.

———

Un Volume in-8°, prix : 3 fr.
Franco, par la poste.... 3 fr. 5o.

EN VENTE :

A ALGER, chez AD. JOURDAN, éditeur, place du Gouvernement ;
A PARIS, chez CHALLAMEL, aîné, éditeur, 3o, rue des Boulangers ;
A CONSTANTINE, chez ARNOLET, imprimeur-libraire ;
A ORAN, chez ALESSI, libraire ;
Et chez tous les Libraires.